U0280490

超越设计课

风景园林钢笔画速写技法与实例详解

王林 著

机械工业出版社

本书对风景园林钢笔画速写技法进行了有针对性的介绍和剖析,从线条类型、观察及思考方法、构图等基础理论入手,循序渐进地讲解了风景园林钢笔速写的方法与技巧,内容包括风景园林钢笔画植物、配景、建筑表现技法与步骤及速写实例。内容精练,重要章节配有详细的绘画步骤,书中大量的图例紧密贴合实际,便于大家临摹和欣赏。

本书可以作为高等院校、高职高专院校的园林设计、环境艺术、城市规划、室内设计与建筑设计等相关专业辅助教材,帮助初学者在系统的教学辅助下快速提升手绘表现能力,同时,也是适合园林设计师、规划师等从业人员的专业用书。

图书在版编目（CIP）数据

风景园林钢笔画速写技法与实例详解 / 王林著 . —北京：机械工业出版社，2017.1（2024.8 重印）
　　（超越设计课）
　　ISBN 978-7-111-54622-1

Ⅰ . ①风… 　Ⅱ . ①王… 　Ⅲ . ①园林设计—景观设计—风景画—钢笔画—速写技法 　Ⅳ . ① TU204

中国版本图书馆 CIP 数据核字（2016）第 198083 号

机械工业出版社（北京市百万庄大街 22 号　邮政编码 100037）
策划编辑：时　颂　责任编辑：时　颂
责任校对：佟瑞鑫　封面设计：马精明
责任印制：单爱军
北京虎彩文化传播有限公司印刷
2024 年 8 月第 1 版第 6 次印刷
184mm×260mm · 8 印张 · 160 千字
标准书号：ISBN 978-7-111-54622-1
定价：39.00 元

凡购本书，如有缺页、倒页、脱页，由本社发行部调换
电话服务　　　　　　　　　网络服务
服务咨询热线：010-88361066　机工官网：www.cmpbook.com
读者购书热线：010-68326294　机工官博：weibo.com/cmp1952
　　　　　　　010-88379203　金 书 网：www.golden-book.com
封底无防伪标均为盗版　　教育服务网：www.cmpedu.com

前 言
PREFACE

近几年来，风景园林、环艺设计等专业呈现出手绘学习的热潮。手绘是设计师说明自己设计构思，充分阐述设计创意的最为快速、有效的表达方式，同时手绘的功底可以体现一个设计师艺术的修养与内涵。与计算机制图相比手绘更富有情感，也更有魅力。学子们不满足于基础性的学习而逐渐向着更高的水准努力，现状却是选择一本水准及质量均为上乘的手绘书籍不是很容易。本书既有步骤示范又有实例详解，从基础到提高，循序渐进，让大家轻轻松松学习手绘。书中的大量风景园林景观示范作品，可作为入门学习者的临摹范本，也可用于专业人士的深入学习。

画钢笔画速写是一件很有乐趣的事情，从某种程度上讲，它是用笔和线认识世界、表达感受的一种方法。画钢笔画速写本身是一个熟能生巧的过程，只要找准方向，经过必要的强化与量化训练完全可以画出高水平的作品来。我个人的体会是想画好钢笔画速写，首先需要我们热爱大自然，热爱生活，喜欢观察并善于观察，每一份作品都是感情的抒发与理性的归纳。

越是画得好越想画，越是画不好越不想画，我想这是很多人的想法。画得好，则身心愉悦而不知疲惫，日积月累则会更为精进；画得不好，就会自暴自弃，越发产生抵触情绪，毫无兴趣可言。要想达到一定的高度就需要进行系统的学习和大量的练习，学习过程难免要辛苦一些，枯燥一些，但只要坚持练习，就肯定能画好。没有谁是一生下来就会画，就画得好的，要相信自己。有了本书的理论指导再加上自己的勤奋，练就一手高水平的钢笔画速写是一件很自然的事情。本书是作者在一线教学的实践中整理完成的，内容注重理论与实践相结合，既有作画步骤的详细讲解，又附有丰富精彩的图例与点评。由于时间仓促，书中难免有不足之处，希望广大读者朋友不吝赐教。

王林

2016 年 6 月

目录 | CONTENT

第一章 chapter one 风景园林钢笔画速写概述与基础

第一节　风景园林钢笔画速写概述

园林钢笔画速写更注重于植物表达，协调植物与建筑的融合，植物是最生动、最活泼的生命体，较之其他亭、廊、花架等园林元素更鲜活，既可以通过其形态、色彩、风韵等特征抒情达意，还可以通过其季相变化表现时序景观。所以园林钢笔画速写较之于其他速写而言更具魅力，画作似飘逸着花香，似有鸟语在耳，整个写生过程也是陶醉而享受的。

园林景观钢笔画速写主要通过线条的长短、疏密、虚实、曲直的变化来塑造形体，表现整个场景的。一般来讲，园林景观钢笔画速写多以快速表现的形式出现，要求在尽可能短的时间内，完成画面的透视、构图及表现，使所画景观具有典型的外在特征与内在神韵。

一、速写基础理论

速写从某种程度上讲属于素描的范畴。素描一般来说作画耗时较长，但表现完整深入，有良好的黑白及透视关系，是美术设计表现的重要造型手段，它对画者的观察力、判断力、表现力以及对细节叙述的能力都有严格的要求。而速写表现时间较短，表现方式灵活多变，重在速记与速画转瞬即逝的风景。速写有别于素描，速写要求在尽可能短的时间内抓住对象的形体特征及内在神韵，无论是画人物还是植物，表现需兼顾形神，缺一不可。

园林速写一般多以钢笔作为作画工具，用钢笔作画具有不可更改性，要求画者具备扎实的美术基本功。其特点是画面干净利索、形式感强，较铅笔画而言黑白对比更具视觉冲击力（图 1-1~ 图 1-2 ）。

图 1-1   钢笔画速写 1

图 1-2   钢笔画速写 2

二、速写的概念

速写是在较短时间内将所画对象进行快速概括描绘的一种绘画形式，具有表现快速、简练、肯定、生动的特点，对培养大家的观察能力、造型能力及积累绘画素材方面有着重要的意义。

三、钢笔画速写的目的和意义

对于初学者来说，速写是一项训练造型综合能力的必修课，不仅要学会塑造而且还需要必要的概括与舍弃，这主要受限于速写作画时间的短暂。

钢笔画速写能有效提高我们的观察力及表现能力，更好地理解空间、透视及物象的特征，有助于探索和培养自己的绘画风格，同时也是享受生活、记录感受的一种独特方式。钢笔画速写有别于计算机效果图表现，钢笔画速写更富有人情味，更贴近生活，也更有利于设计师创意的表现，速写的过程是一种动态的思维过程，是有生命的设计语言，对设计师来讲是尤为重要的（图 1-3~ 图 1-4 ）。

图 1-3　钢笔画速写 3

图 1-4　钢笔画速写 4

四、旅行钢笔画速写

　　旅行钢笔画速写是亲近自然与再现自然的最佳途径，带上好心情、速写本和一支钢笔上路，观察自然、聆听自然、感受自然，用笔记录下所见、所闻、所想，这是一件既有意义又幸福的事情。在写生实践中，笔线的叙述方式要有情感性和逻辑性，画面平静和谐而不能狂躁不安。

　　画画很大程度上是受心情影响的，好心境下的作品往往神形兼备，舒畅果决；相反，坏心境下的作品则充满幽怨，暗淡无光，相信画画的人对此都会有所感触。而旅行是美好的，带上钢笔的旅行是既美好又幸福的。旅行过程就是认识自然、学习自然的过程，把自己的情绪调节到最佳状态，大脑中要有明确的构图意识，思考内容的取舍，贴合实际情况，尽量使画出的作品能打动人。真正做到走到哪里画到哪里，手不离笔，时间久了自然就会下笔有神，随心所欲（图 1-5~图 1-6）。

图 1-5　旅行钢笔画速写 1

图 1-6　旅行钢笔画速写 2

五、如何提高钢笔画速写能力

提高钢笔画速写能力的方法可以从以下三方面着手：

1. 培养敏锐的观察与速记能力

速写在很大程度上是对所画对象内在神韵的揣摩及外在形体特征的恰当概括，只有观察深入，才会形成认识进而画出上乘的钢笔画。速记是用心描摹，重在把所看到的景物以最初、最生动的形态记录在脑中，即使脱离开所画物象，眼前也能呈现刚刚所速记的画面。重要的是用手以较快的速度表现所画景物，同时对已有的记忆画面加以科学的、艺术的修正和补充，完全照抄是没有出路的。

2. 归纳与取舍

艺术来源于生活，又高于生活，大自然是美的，但不能看到什么画什么，什么都想画，要抓构图抓重点，有目的有意识地舍弃与概括，学会抓大放小，将复杂问题简单化，而不是将简单问题复杂化。如画一棵大树不要纠结于每一片树叶是怎么长的，而是整体把握树冠的形体，将其看成可分层，有厚度、有高度、有长度的三维块体，用灵活的笔线塑造使其有明确的黑白及明暗关系，并在边缘强化表现。

3. 改绘景观照片与临摹画稿

改绘景观照片是对已有的照片进行钢笔墨线表达，构图可以继承照片既有模式，重在锻炼大家的合理概括与组织线条的能力。临摹画稿首先需要自己有一定的审美，不能随便拿过来一张画稿就照着画，需要有自己的判断与鉴别，学习与借鉴有益部分而舍弃欠妥的部分，认真研究其中的技法与要点。

▎第二节　风景园林钢笔画基础▎

一、整体观察的方法

在写生中，首先大家要从全局去观察，站得高些、立意远些，不能被具体细节吸引，做到抓大放小。其次就是把握好透视关系，进一步明确以何种透视角度进行更利于主题的表现。

二、思维拓展练习

在手绘表现中很容易画图平面化，也就是缺乏立体感。如若想画出的造型有立体感，首先，头脑中需要构建三维的空间意识；其次，分析造型各个面体所处的空间关系，确定线条走向，充分理解造型的透视关系。以下造型练习将有助于空间意识的构建（图1-7）。

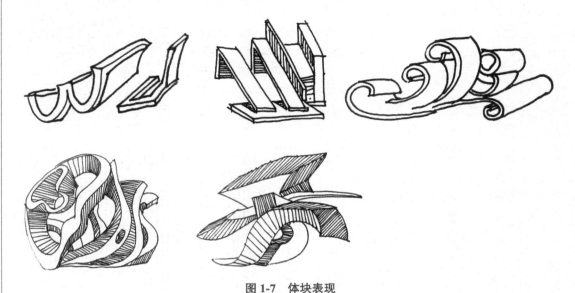

图1-7　体块表现

三、钢笔线条练习

钢笔线条的练习是很重要的，通过线条来理解三维空间概念，塑造形体及表面形态。要想线条画得好画得妙，就需要长期坚持，但并不意味着花一整天时间去练习，只需利用好零散时间坚持练习，譬如课间10分钟，睡前半小时及闲暇午后等，如此这般相信你就一定可以熟练驾驭。钢笔线条一般包括两种形式：直线与抖线。图1-8所示为同一乔木的不同表现方法。

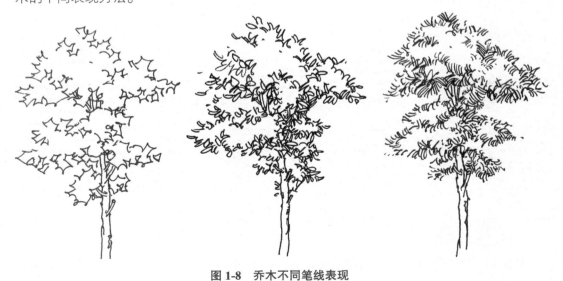

图1-8　乔木不同笔线表现

1. 直线

画直线也不意味着如尺子比对着画出来的那般直，手绘表现中只要看上去直就可以了，毕竟线条本身也是有情感的，过于直的手绘线反而给人僵化之感，手绘直线与在计算机中所画直线还是有区分的。画直线时宜心平气和，运笔力度与速度宜均匀，起笔收笔果断利索，切勿犹豫不定。有素描基础的同学，掌控线条还是比较容易的，基础较弱或没有基础的同学，则需要强化线条的练习，最好每天都坚持画上两张。练习排线是一种基础的练习方式，大家练习时，尽量做到一笔

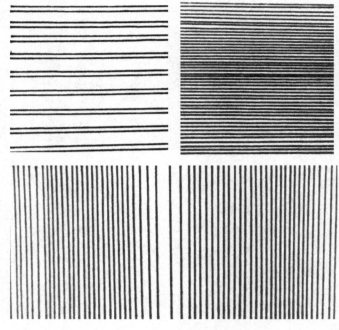

图1-9　直线

画成，除了练习水平线与垂直线之外还需要熟练不同倾斜角度的直线。线画直以后可以尝试画并行线，两根直线为一组进行等距排线，再有就是画非等距渐变的线条（图1-9）。

2. 抖线

抖线也是常见画线的一种方法，在画线时手轻握笔沿着一定的方向轻微抖动画线即可，原则上抖动的幅度不宜太大，整体感观还是直线为宜。抖线较直线而言更机动灵活、生动活泼，有一种弹性和视觉张力（图1-10）。

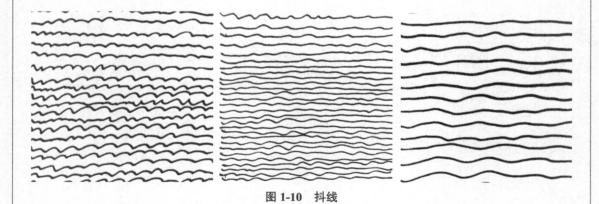

图1-10　抖线

3. 排线练习方法

如果机械地一味在纸上重复排线，时间久了势必会使心情非常烦闷，并产生抗拒学习手绘的心理。为了避免过于枯燥，可以尝试不同的练习方式，如以不同方向、长短的

线条进行三维空间练习，这样可以深化空间理解同时也给枯燥的练习带来一定的趣味性，效果更佳（图1-11）。

图1-11　线条组织

4. 自由线条

自由线条是画者根据造型需要而采取的较为灵活的线条表达方式，某种意义上表达了画者的心灵感受。在运笔时握笔要轻，手腕要灵活，注意线条的绘写力度和速度，画出的线要有张力和弹性。正因为线条本身被赋予了情感，通过线条自由变化可以生动地表现植物盎然的生机及随风摇曳的俊俏（图1-12）。对于园林植物来说，一般分为三种线条形式：几字形、圆叶形和短线。

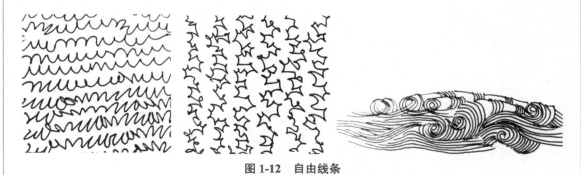

图1-12　自由线条

（1）几字形的线条用笔相对硬朗，整体视觉感受规整但略显机械，不容易区分植物的生长特征，常用于远景植物的概括性表现及作为陪衬的乔灌木表现，此技法容易上手，比较好掌握（图1-13～图1-14））。

图1-13　几字形线条技法

图 1-14　几字形线条表现实例

（2）圆叶形的线条相对圆润，笔线组织灵活，具有极佳的视觉效果，常用于近景植物的具体表现。但相对于几字形的线条表现技法略有难度（图 1-15～图 1-16）。

图 1-15　圆叶形线条技法

图 1-16　圆叶形线条表现实例

　　（3）短线的线条表现是以素描排线的方式表现植物的，造型结实而耐看，常见于写实技法表现。在排线时注意线条彼此的叠压与层次的梳理关系（图 1-17～图 1-18）。

图 1-17　短线线条技法

图 1-18　短线线条表现实例

5. 自由线条的造型方法

不论采用几字形、圆叶形还是短线的线条表现，都是以景观植物为表现对象的，具体采用何种方式，取决于所画对象的特征、所处的空间位置及其主次地位，不能一味地将笔线定义于某一类植物或植物的具体形态。

在实践表现中，要准确分析和研判采取何种线条去反映所画对象的形态，并理性归纳组织好线条的疏密与穿插关系，头脑中要有清晰地三维空间意识。疏密与穿插关系的处理指的是依靠对画面黑白、前后关系的分析和判断，有意识地强化黑白对比及枝干前后掩映关系，大胆概括、调整，根据作品需要进行适当强调与夸张。在此之前有必要对基本运笔的线条表现做一个初步的了解（图 1-19）。

图 1-19　线条表现

四、速写与构图

在写生实践中，正确的构图意味着所画图稿既不能太过拥挤也不能空荡松散，画面要紧凑有序，图稿所处画面的位置不宜过于偏上或偏下，画面要左右匀称，若非如此，画面看起来就会很别扭，让人感到不舒服（图 1-20~图 1-21）。构图要根据场景主题而定，恰当安排所在画面的大小与位置。初学者往往在临摹或写生中构图出现偏大或偏小的情况，究其原因是作画者缺少整体把握画面的能力，对画面所选参照物观察不细心导致的。

构图首先取决于画者自身的审美与艺术修养，艺术家都是比较感性的，正因为这样才更能艺术地解读大自然的美。构图多表现为对称与均衡的形式，对称相对于均衡而言更为保守一些，画面略显呆滞；而均衡的构图方法则相对活跃，画面更生动，表现主题也具有较强的趣味性（图 1-22~图 1-30）。

向远处蜿蜒的小路将画面非均衡分割，致使视觉上左侧略重于右侧，画面构图失衡。加之小路两侧缺乏笔触衔接，导致画面松散，缺乏彼此联系。

图 1-20　非均衡构图 1

人物位于画面中心，但是画面整体总量左侧略多于右侧，人物运动的朝向更加重了这一失衡状态，整体感觉画面略显倾斜。

图 1-21　非均衡构图 2

图 1-22　钢笔速写构图 1

图 1-23　钢笔速写构图 2

图 1-24　钢笔速写构图 3

图 1-25　钢笔速写构图 4

图 1-26　钢笔速写构图 5

图 1-27　钢笔速写构图 6

图 1-28　钢笔速写构图 7

图 1-29　钢笔速写构图 8

图1-30 钢笔速写构图9

第二章
chapter two
风景园林钢笔画植物表现技法与步骤

　　自然界中的植物种类繁多，形态各异，每一株植物都有其内在的性格特征。这一切需要我们在对植物认真观察和充分理解的基础上，用恰当、熟练的线条语言整理和概括，使之富有灵性，鲜活地跃然于纸上。

第一节　乔木表现技法与步骤

　　乔木形体较为高大，有独立的树干，树干和树冠有明显区分。对于乔木的理解应从简单的几何图形入手，逐步完善使之成为富有层次与变化的乔木（图 2-1）。

图 2-1　乔木表现步骤

一、常见乔木

　　在表现乔木时，要根据其自身的生长特点确定采取何种表现方法，把握好树的形体比例，画主树干的时候多用曲折的断线，而画树枝的时候需要注意左右不宜对称，长度不要完全一致，避免僵化（图 2-2~图 2-4）。

图 2-2　常见乔木 1

图 2-3　常见乔木 2

图 2-3　常见乔木 2（续）

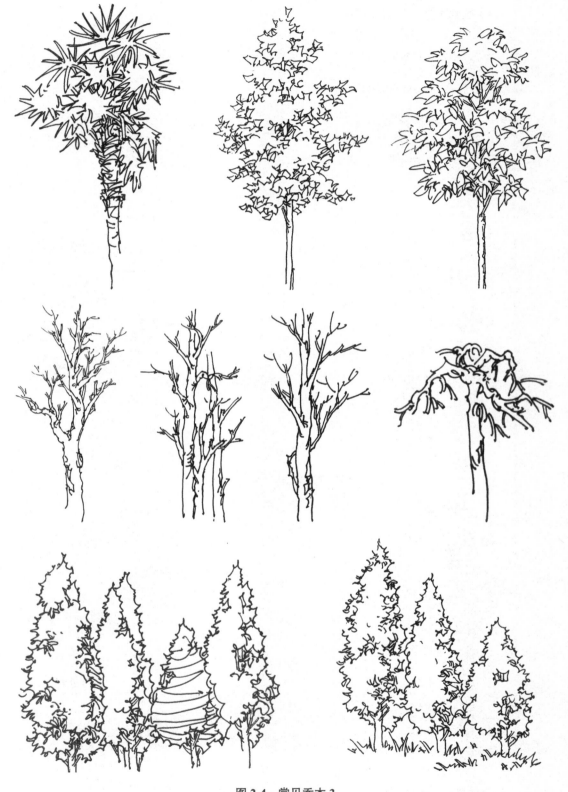

图2-4 常见乔木3

二、乔木表现技法与步骤

乔木在园林景观中常运用几字形和圆叶形的线条表现方式。

1. 几字形线乔木的表现步骤

步骤一：用几字形勾勒出树冠，注意笔线要有上下错位和适当的断续，树冠不宜为完全封闭的轮廓（图2-5）。

步骤二：用同样的方法绘出第二层树冠并处理其暗部，树冠大小不宜完全对等，画出部分枝干（图2-6）。

图2-5　几字形线乔木的表现步骤一

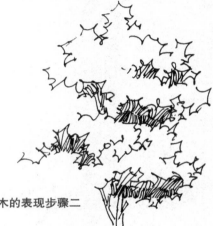

图2-6　几字形线乔木的表现步骤二

步骤三：逐步丰富树冠的层次使之更趋近于完善，画完树干（图2-7）。

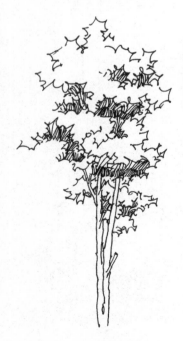

步骤四：进一步完善乔木形体，适当增加细部结构，使整棵树更自然（图2-8）。

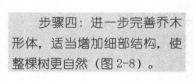

图2-7　几字形线乔木的表现步骤三　　　　图2-8　几字形线乔木的表现步骤四

2. 圆叶形线乔木的表现步骤

步骤一：用圆叶形线条画出树冠，注意叶丛之间线条的压叠变化（图2-9）。

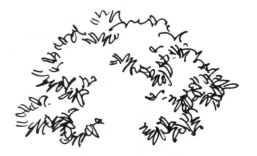

图 2-9　圆叶形线乔木的表现步骤一

步骤二：继续完善树冠，并画出部分枝干（图2-10）。

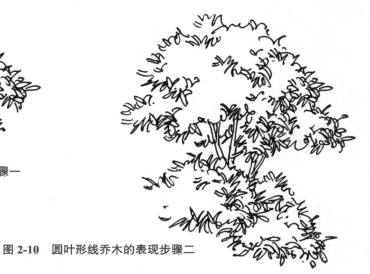

图 2-10　圆叶形线乔木的表现步骤二

步骤三：画完整个乔木，并完善枝干与树冠的关系（图2-11）。

图 2-11　圆叶形线乔木的表现步骤三

步骤四：协调整体关系，进一步明确黑白对比（图2-12）。

图 2-12　圆叶形线乔木的表现步骤四

3. 棕榈的表现步骤

棕榈属棕榈科常绿乔木，棕榈叶鞘呈扇型，有棕纤维。棕榈形态端庄，很有特色，是热带植物中的代表种类。表现时注意叶子之间的穿插关系及树干的结构。

步骤一：从顶部画出棕榈的大致姿态，注意扇形叶子的分组与概括，叶子要有穿插关系（图2-13）。

步骤三：画出棕榈主干。注意质感的表现，同时注意丰富棕榈树冠扇叶间的层次，使之更趋近于完整（图2-15）。

图2-13　棕榈的表现步骤一

步骤二：继续叶子的绘制，并调整整个树冠的平衡及疏密关系（图2-14）。

图2-14　棕榈的表现步骤二

图2-15　棕榈的表现步骤三

4. 三角槭的表现步骤

三角槭又称三角枫，喜温湿气候，稍耐寒，耐修剪。枝叶浓密，宜孤植、丛植于河岸、溪边，也可与草坪配植。钢笔画表现时需要注意树冠的层次，枝干要掩映和穿插于树冠中。

步骤一：用笔从树冠左上角画起，笔线要轻松自然（图2-16）。

图 2-16　三角槭的表现步骤一

步骤三：调整树形，画出树的其他部分，使树形均衡（图2-18）。

图 2-18　三角槭的表现步骤三

步骤二：继续完善树冠并注意调整树冠形状，避免规整几何形的树冠形状出现，使之蓬松自然。画出树干（图2-17）。

图 2-17　三角槭的表现步骤二

步骤四：进一步强化树的黑白关系，丰富画面（图2-19）。

图 2-19　三角槭的表现步骤四

第二节   灌木表现技法与步骤

　　灌木是园林设计中不可缺少的植物类别，一般多用于次高度的配植，灌木多呈丛生状态，没有明显树干，植株相对于低矮一些。经过人工修剪的灌木往往具有比较规则的轮廓特征，手绘表现时多以表现形体效果为准，不一定具体表现出植物类别。我们在表现时可以将看似复杂的灌木形体归纳理解为简单的几何体，首先要区分出明暗关系，确定光源方向，其次用相对概括的笔线进行适当概括，再次笔线注意起伏及疏密的处理，使灌木球及绿篱具有较好的层次感（图 2-20）。实践中的表现多从灌木局部入手，逐步整理与完善，刻画细节并调整黑白关系。

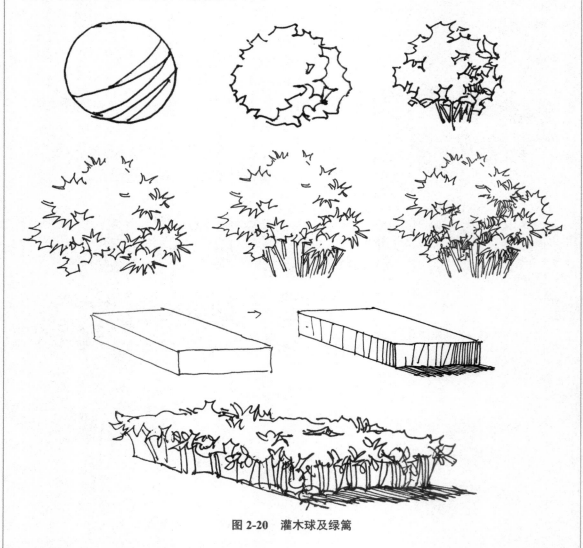

图 2-20   灌木球及绿篱

一、常见灌木

　　对于单独种植的灌木，可以根据画面需要进行必要的特征表现，确定恰当地线条语言再从其外在形体切入表现，当将其应用于群植时，应注意处理好植株间的高低及主次关系（图2-21）。

图2-21　常见灌木

图 2-21　常见灌木（续）

二、灌木表现技法与步骤

1. 灌木球表现步骤

步骤一：确定灌木球的树冠基本形状，用圆叶形笔线从左上端开始入手，沿其轮廓形体进行快速表现（图 2-22）。

步骤二：逐步完善形体并有意识在灌木球所处暗部详细表现（图 2-23）。

图 2-22　灌木球表现步骤一

图 2-23　灌木球表现步骤二

步骤三：继续完善整个树冠并画出部分枝干（图2-24）。

步骤四：协调整体关系，使之更生动（图2-25）。

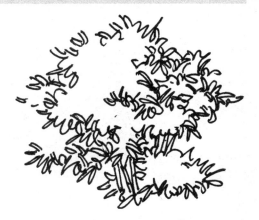

图 2-24　灌木球表现步骤三

图 2-25　灌木球表现步骤四

2. 绿篱表现步骤

步骤一：找好角度切入点，从左向右进行绘写，勾画出绿篱部分顶面（图2-26）。

图 2-26　绿篱表现步骤一

步骤二：用较为轻松的笔线完成整个绿篱造型的轮廓（图2-27）。

步骤三：逐步深入及强化造型的形体语言及明暗关系，并画出造型的投影（图2-28）。

图 2-27　绿篱表现步骤二

图 2-28　绿篱表现步骤三

3. 灌木组合表现步骤

步骤一: 先画出黄杨球, 然后画出弯曲的花池及地被植物(图2-29)。

图 2-29 灌木组合表现步骤一

步骤二: 依次画出第二层地被植物, 运笔宜流畅些(图2-30)。

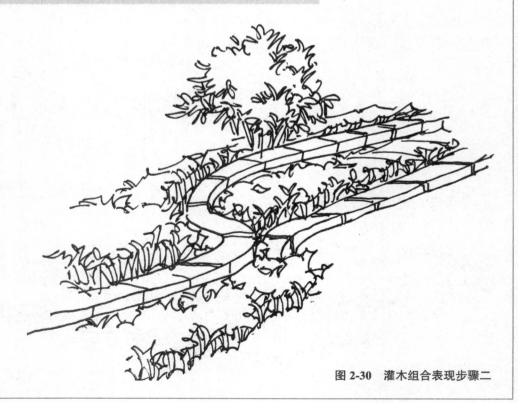

图 2-30 灌木组合表现步骤二

步骤三：画出中间道路及右侧的部分植物，注意构图的完整性（图 2-31）。

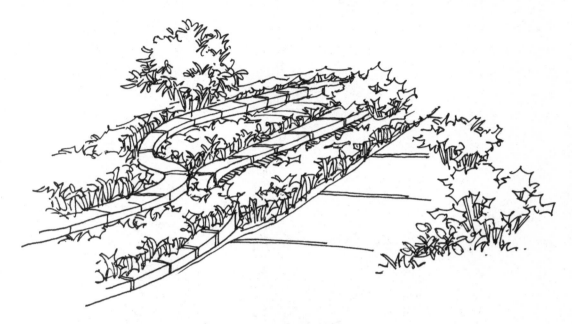

图 2-31　灌木组合表现步骤三

步骤四：完善整幅画面，增加花池一侧投影，注意不宜涂太黑，笔线间要透气留白，并补齐右侧植物，使画面均衡完整（图 2-32）。

图 2-32　灌木组合表现步骤四

4. 灌木丛组合实例

灌木丛植是将几株或是十几株相同或相似种类的灌木，沿着一定的设计方式高低错落地种植在一起，可作主景也可以作配景，其林冠线彼此衔接具有很好的观赏性。用于丛植或篱植的灌木多选择小枝萌芽力强、分枝密集、生长速度较慢、耐修剪的植物，而对于花篱与果篱来讲，一般选择叶小花繁、果实稠密的植物。钢笔画表现中适宜整体作画，不能机械地把几株灌木放置到一起，而是将其进行艺术地区分和对待，使之相互协调和衬托（图 2-33~ 图 2-37）。

图 2-33　灌木丛组合 1

图 2-34　灌木丛组合 2

图 2-34　灌木丛组合 2（续）

图 2-35 灌木丛组合 3

图 2-36　灌木丛组合 4

图 2-37　灌木丛组合 5

第三节　草坪和地被花卉表现技法与步骤

　　园林地被植物一般指的是用于绿化覆盖地面的草本植物、低矮灌木丛以及藤本等，可大面积栽植于裸坡、河岸自成景观，也可以小面积栽植于大树下、假山石景以及花坛边作为陪衬。表现时要注意整体性表现，不宜画得过于松散，也不宜过于强化细节（图 2-38~图 2-43）。

一、常见草坪和地被花卉

图 2-38　地被花卉 1

图 2-39　地被花卉 2

图 2-40　地被花卉 3

图 2-41 地被花卉 4

图 2-41　地被花卉 4（续）

图 2-42　地被花卉 5

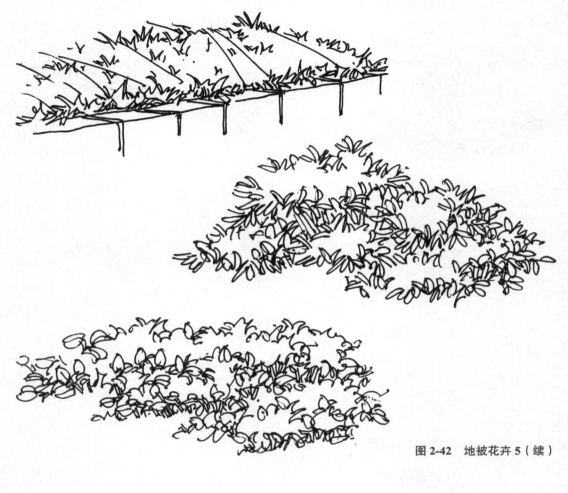

图 2-42　地被花卉 5（续）

图 2-43　地被花卉组合

二、草坪和地被花卉表现技法与步骤

1. 草坪表现步骤

步骤一：初步画出两簇面积不同的草丛，以培养手感（图 2-44）。

图 2-44 草坪表现步骤一

步骤二：整体完善部分草坪，注意体块的素描关系及草叶疏密变化（图 2-45）。

图 2-45 草坪表现步骤二

步骤三：画出较为完整的草坪，以点带面，在受光面及草坪边缘适当强调特征，不能将看到的面积内的草坪全部画出草叶（图 2-46）。

图 2-46 草坪表现步骤三

2. 地被花卉表现步骤

步骤一：快速勾画出花卉的大致形状，笔触不宜过多或过细勾画花朵细节，并注意花朵的高低错落（图2-47）。

图2-47 地被花卉表现步骤一

步骤二：继续完善花丛的其他部分，笔触宜轻快活跃（图2-48）。

图2-48 地被花卉表现步骤二

步骤三：画出其他植物，笔线适当变化，并用排线的方法简单表现投影（图2-49）。

图2-49 地被花卉表现步骤三

第三章　风景园林钢笔画配景表现技法与步骤
chapter three

　　园林景观配景一般指的是，各类绿地中为人们提供服务功能或丰富景观效果的，用于装饰、休息、娱乐等的小型辅助设施。在这里我们指的是除植物表现以外的其他常见配置。

第一节　石景、假山表现技法与步骤

　　石景在园林传统景观中随处可见，用于表现的石头种类多样，常以自身的形态、质地及意境作为欣赏内容，既可单独成景，也可将其做成假山或砌作岸石来组合成景。

一、石头

　　石头具有坚硬、粗犷的特点，在表现中用笔要果断，有一定的力度及顿挫感，注意块面之间的形体结构。石块造型及纹理的表现比较特殊，既有整体的块面转折，又有细微的裂缝。有的石头棱角分明、块面轮廓清晰，有的圆浑。不管哪一类石头，我们暂将其笼统看作是一块砖块，具有明确的顶面、立面和侧面，线条的运笔方向以砖块纹理走向为依据，确定光源方向，注意背光部位及投影的表现。一般来说，石块暗部及投影多以短线排线的方式来交代，排线时应注意线条的疏密变化（图3-1）。若是两块或更多则需要处理好前后遮挡及明暗关系（图3-2~图3-6）。

图3-1　石头表现示意图

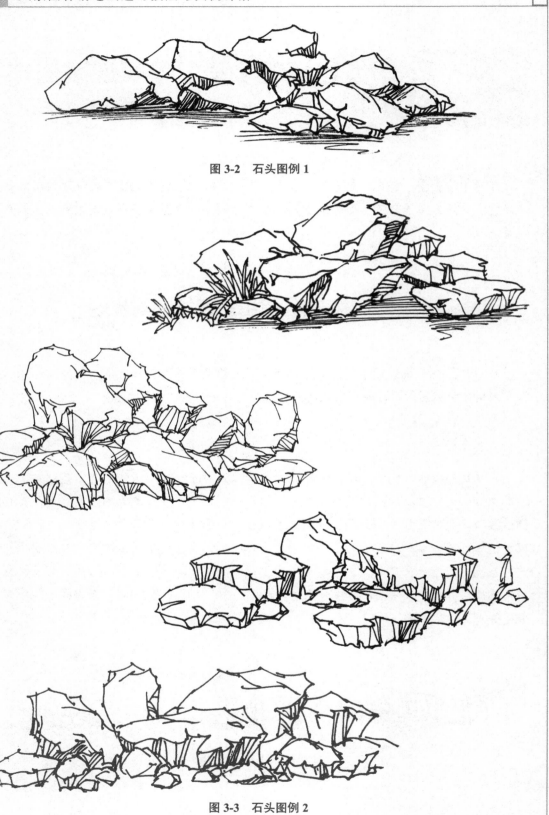

图 3-2　石头图例 1

图 3-3　石头图例 2

图 3-4　石头图例 3

图 3-5　石头图例 4

图 3-6　石头图例 5

二、太湖石

太湖石又名假山石，是园林石的一种，其形状各异，姿态万千，具有皱、漏、瘦、透之美，色泽多以白石为主，可独自成景，也可叠置假山，特别适宜布置于庭院、公园、湖边等处，是传统园林造景不可缺少的元素。

在表现中，不要因为它的奇形怪状而束手无策，要学会将复杂问题简单化，在我们眼里它无非是堆叠在一起的各个朝向的盒子，这样理解起来就会很容易。然后将线条柔美化，按照太湖石的特点进行大胆的衔接与过渡即可（图 3-7）。

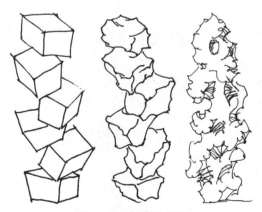

图 3-7　太湖石分析图

以下为太湖石钢笔速写表现实例（图 3-8）。

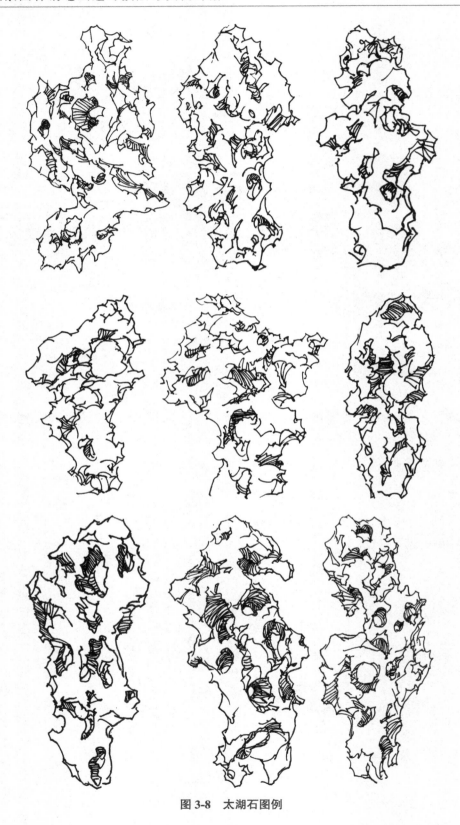

图3-8　太湖石图例

1. 太湖石表现步骤

步骤一：沿着从上到下的顺序，首先画出太湖石的顶部，注意笔线的转折和明暗关系的处理（图3-9）。

图 3-9　太湖石表现步骤一

步骤二：依次向下完成太湖石颈部的结构（图3-10）。

图 3-10　太湖石表现步骤二

步骤三：同以上步骤，继续深入表现太湖石的结构，注意造型的重心不能画倒（图3-11）。

图 3-11　太湖石表现步骤三

步骤四：画出太湖石的底部，并协调整体虚实和黑白关系（图3-12）。

图 3-12　太湖石表现步骤四

2. 太湖石组合小景范例（图 3-13~ 图 3-16）

图 3-13　太湖石组合小景范例 1

图 3-14　太湖石组合小景范例 2

图 3-15　太湖石组合小景范例 3

图 3-16　太湖石组合小景范例 4

第二节　景观灯饰、导向牌、雕塑及座椅的表现技法

一、景观灯饰

园林景观设计中，灯饰也是不可缺少的组成部分。灯饰的造型要与环境相协调，并可以赋予一定的寓意，使之更好地表现设计主题。园林灯饰常见的有路灯、壁灯、草坪灯、射灯、地灯、水下灯等多种形式，实践应用中以路灯和壁灯较为常见。

场景中应保证有足够的光源与较好的照明强度，灯柱距离要合理，高度也要恰当。一般将路灯置于园林景观的出入口、广场、园路两侧等处，而置于水景喷泉、雕塑、草坪边缘等处的灯多为渲染某种效果，只要求一般照明即可。在钢笔画表现中，不鼓励线画得过于僵直，允许有抖动的线条出现，造型才更具生动性。灯饰作为园林景观中的辅助配置，在景观中表现不宜过于具体（图 3-17~ 图 3-18）。

图 3-17　景观灯饰 1

图 3-18　景观灯饰 2

二、景观导向牌

景观导向牌指在园林景观中设置的传达必要信息的各种标志标牌，多指对游客所处当前位置的环境与交通状况的具体描述、行动方向指引的一类标志，如方向指示牌、导游图板等。导向牌的设计与表现同样要与环境相协调，根据环境需求可以选择不同造型、不同材质的导向牌。钢笔画表现中要明确标牌的辅助作用，线条宜随机柔和一些，一般来讲笔墨不宜过多（图 3-19~ 图 3-20）。

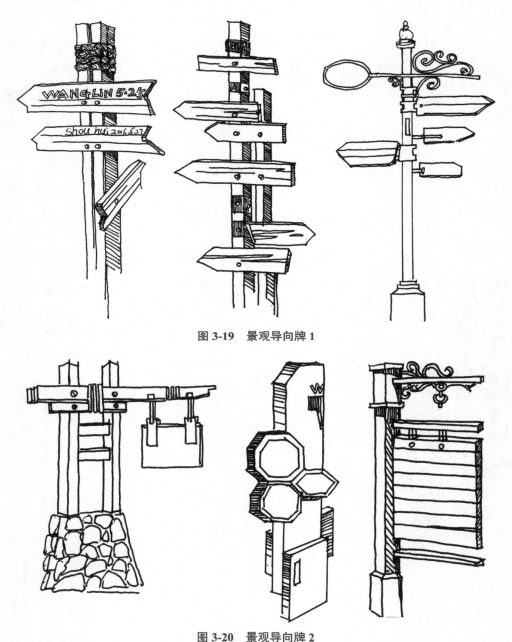

图 3-19　景观导向牌 1

图 3-20　景观导向牌 2

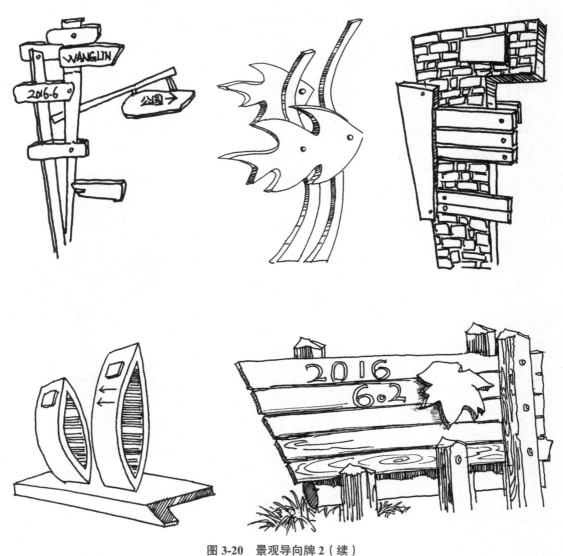

图 3-20　景观导向牌 2（续）

三、景观雕塑

　　景观雕塑一般包括纪念性雕塑、主题性雕塑及装饰性雕塑三种常见类型。景观雕塑可配置于园林广场、花坛及草坪上，也可分布在山坡、湖畔或水中。不管选哪种类型或置于何处都需要考虑雕塑本身的大小、朝向、色彩等要素与环境的协调性。钢笔画表现中要把握好透视关系，尤其对人像、动物类石雕而言，不宜过分夸张雕塑本身的神态或表情（图 3-21）。

图 3-21　景观雕塑

四、景观座椅

　　景观座椅是园林景观环境为游人提供休息和交流的常见配置。一般来讲，座椅造型设计与位置摆放都需要根据设计者的意图进行科学规划。对于座椅的钢笔画表现而言，主要需要注意线条的流畅性，不宜过多涂抹，行笔要果断。造型要有一定的稳定性，确保正确的透视关系（图 3-22）。

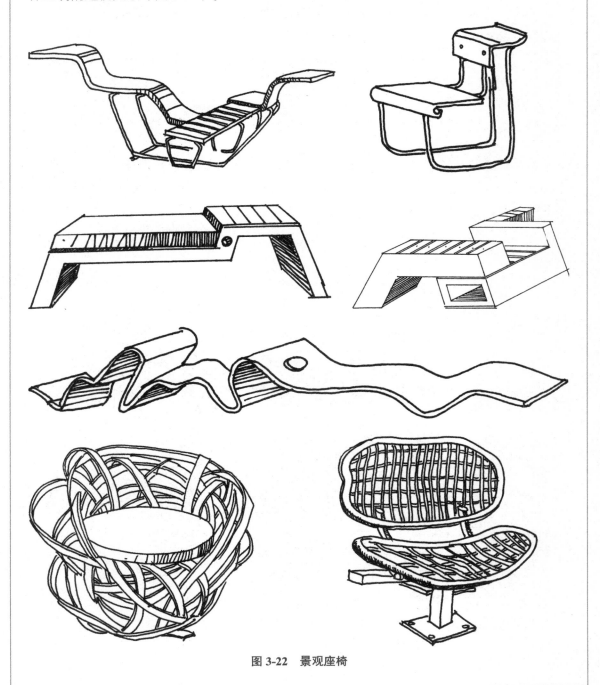

图 3-22　景观座椅

第三节　景观组合小品表现技法与步骤

　　景观组合小品的特征是体量较小、造型丰富、富有特色，具有独特的意境，既有园林建筑技术及其他相关实用性的要求，又有植物配置及空间组合的美感要求。在园林中一般分为园林建筑组合小品、园林雕塑组合小品及园林孤赏石组合小品，一般包含了小型建筑、植物、山石及水流等，在表现中除了合理构图之外还要根据不同形体的结构及质感进行必要的区分表现。植物也应根据不同类别及所处空间的不同进行适度表现。

一、景观组合小品表现实例

　　景观组合小品是节点效果图的重要表现部分，画好景观组合小品对设计师来讲是尤为重要的。景观组合小品空间尺度虽小，但构图要有一定的画面美感，透视及比例关系要准确，经得起推敲，画面各组成部分要相互陪衬，使画面生动有趣（图 3-23～图3-30）。

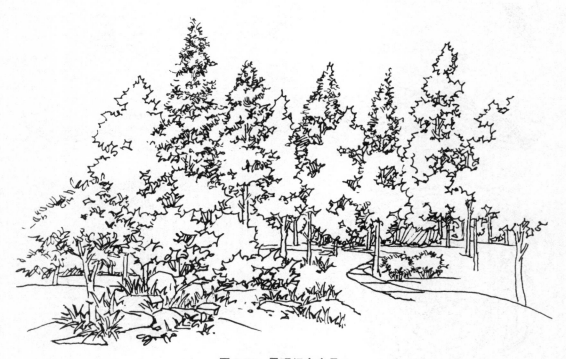

图 3-23　景观组合小品 1

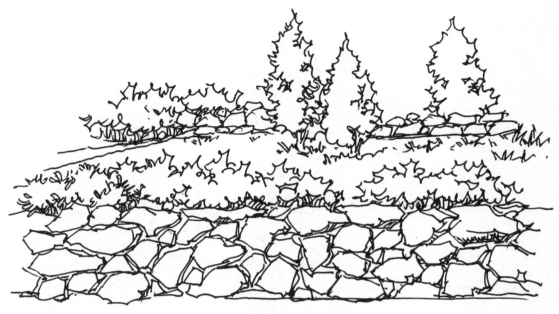

图 3-23　景观组合小品 1（续）

图 3-24　景观组合小品 2

图 3-24　景观组合小品 2（续）

图 3-25　景观组合小品 3

图 3-26　景观组合小品 4

图 3-27　景观组合小品 5

图 3-28　景观组合小品 6

图 3-29　景观组合小品 7

图 3-30　景观组合小品 8

二、景观组合小品表现步骤

景观组合小品绘制可从自己感兴趣的部位入手，找好参照物，以此为据展开画面。在实际表现中不能总是低着头认真去画，而是需要抬起头，挺直身，从远处打量自己的作品，检查一下是否有透视不准、图画不下的问题。

1. 植物与太湖石组合小品表现步骤

步骤一：用圆叶形笔线画出乔木的部分形体（图3-31）。

步骤二：自上而下继续画出石块和垂草（图3-32）。

图 3-31　植物与太湖石组合小品表现步骤一

图 3-32　植物与太湖石组合小品表现步骤二

步骤三：画出太湖石和灌木，注意画面层次关系（图 3-33）。

图 3-33 植物与太湖石组合小品表现步骤三

步骤四：继续完善画面，画出另一块太湖石，使两块太湖石高低搭配（图 3-34）。

图 3-34 植物与太湖石组合小品表现步骤四

步骤五：协调画面的黑白及虚实关系，画出其他相关植物的丰富画面（图3-35）。

图3-35　植物与太湖石组合小品表现步骤五

2. 古典园林景观组合小品表现步骤

步骤一：整体观察画面后，可以从自己感兴趣的部分或便于拿捏的部位着手画起，前景植物宜用自由的笔线表达（图3-36）。

图3-36　古典园林景观组合小品表现步骤一

步骤二：以此为画面依据逐一画出毗邻的植物及石块（图3-37）。

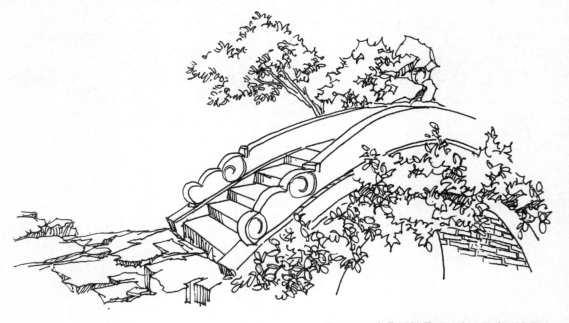

图3-37　古典园林景观组合小品表现步骤二

步骤三：以较轻的笔线勾画出远处的建筑及相关植物（图3-38）。

图 3-38　古典园林景观组合小品表现步骤三

步骤四：进一步完善远处的陪衬物，使画面更为完整（图3-39）。

图 3-39　古典园林景观组合小品表现步骤四

步骤五：逐步画完其他配景，并进一步完善画面的黑白关系，使画面有层次及虚实变化（图 3-40）。

图 3-40　古典园林景观组合小品表现步骤五

3.现代景观组合小品表现步骤

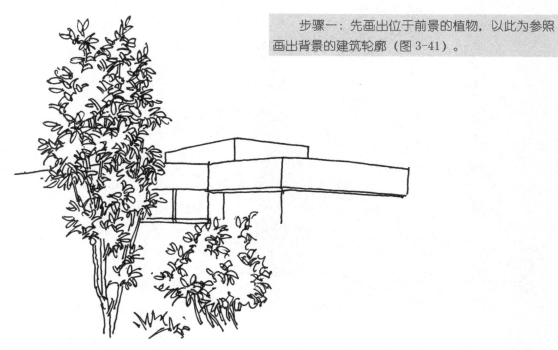

步骤一：先画出位于前景的植物，以此为参照画出背景的建筑轮廓（图3-41）。

图3-41 现代景观组合小品表现步骤一

步骤二：继续以该前景植物为参照画出外围其他植物，并丰富建筑结构，不要急于画完（图3-42）。

图3-42 现代景观组合小品表现步骤二

步骤三：勾画出前景的灌木及远景的部分树丛，继续完善建筑的各部分结构，使画面初步成型（图3-43）。

步骤四：深入刻画所绘场景，进一步强化景观的黑白关系并完善构图，使画面更为生动（图3-44）。

图 3-43　现代景观组合小品表现步骤三

图 3-44　现代景观组合小品表现步骤四

第四节　景观人物表现技法

在景观透视图中，人体各部分的比例通常是以头高为衡量单位的，标准身高一般表现为 7.5 个头高（图 3-45）。但为了看上去更为美观，一般画成 8 个头高为宜。

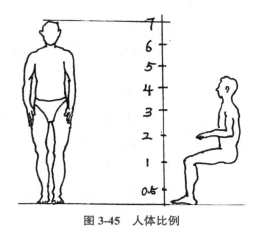

图 3-45　人体比例

人物在场景中的作用主要是更好地阐述设计者的设计意图及丰富场景画面效果，场景中的人物有助于强化场景透视关系并活跃画面。如果没有人物的陪衬，则画面显得过于荒凉，缺乏情趣。同时，所画人物的身份角色也应与设计场景性质相一致，譬如，交通枢纽与公园的场景设计，人物角色定位是不完全相同的。人物表现的写实程度则需要根据其所处场景中的远近进行适度表现，如近景、中景则以较为写实的笔线表现为佳，而远景则宜适当概括。

运动中的人物一般动态尺度不宜过大，过于夸张的步幅、追逐打闹等动作会影响画面的主题表现。另外，在确定人物运动的方向时，应以增强画面的进深感为好，一般情况下人物不宜往外走散，向透视点方向运动效果较好。

人物表现往往是大家在场景表现中的弱项，这需要对人体的比例及结构有清晰、明确的认识才行，正因为如此，练就一手漂亮的人物钢笔画则可以有效提升你画面的视觉美感。

一、远景人物表现

适当勾画轮廓使之拥有正确的比例及合理的动态特征，笔线不宜过重，人物的数量及分布均由画面构图和场景所决定（图 3-46~图 3-47）。

图 3-46　远景人物 1

图 3-47 远景人物 2

二、近景人物表现

人物的高矮胖瘦都需要根据场景做恰当的安排，一般情况下，人物五官是不需要画出来的，对于角色人物中的情侣、母女、朋友等则需要处理好彼此线条的详略程度，而对于辅饰物表现则以交代人物身份、烘托场景为依据，可适当简化。

在实际表现中要注意性别特征的区分，选择性地用线。一般情况下，表现女性线条宜圆润柔和，而男性则是刚直顺畅（图 3-48~ 图 3-51）。

图 3-48 近景人物 1

图 3-49 近景人物 2

图 3-50　近景人物 3

图 3-51　近景人物 4

第四章 风景园林钢笔画建筑表现技法与步骤
chapter four

风景园林建筑一般指在园林景观中供人们游憩或观赏用的建筑物，常见的有亭子、游廊、厅堂、楼台等建筑物。表现中要注意明确园林建筑本身也是景观的一部分，大都往往具有功能性设计，钢笔画表现前首先要明确表现主题，不能不着边际地胡乱画，注意区分植物与建筑的关系。

▎第一节 建筑的光影理解与表现▎

光影在于描绘光线变化对物体产生的影响，适当运用这一条件将有利于表现物象立体感、空间感，使画面形象更加具体，有较强的视觉冲击力。

风景园林钢笔画建筑表现多以线条为主要表现手段，通过线条的疏密、虚实变化来塑造形体，并不刻意强调光影关系但可以有光影变化，以突出建筑的光照效果，使其更生动。结构素描与光影素描是有区别的，钢笔画建筑表现更倾向于结构素描而非光影素描，是以理解和表达建筑自身的结构为目的，将自己的观察和测量与推理结合起来，在透视原理的框架内，以线条叙述的方式表现建筑，讲究线条的流畅及简练性。

钢笔画快速表现毕竟不是铅笔素描，在追求光感的同时不能把画面画脏、画腻，简单说就是光影的表现尺度以有利于清晰区分建筑结构为依据，渲染场景氛围为目的。排线讲究细密柔韧而不能过度密集，形成黑块（图4-1）。

图4-1 建筑光影表现理解图

常见园林建筑表现实例如图 4-2~ 图 4-5 所示。

图 4-2　园林建筑 1

图 4-3 园林建筑 2

图 4-4　园林建筑 3

图 4-5 园林建筑 4

第二节　建筑表现技法与步骤

园林建筑的表现步骤没有一个固定的标准，一般来说是沿着从左到右、从上到下的顺序，由点到面逐次进行，也有人先用铅笔画出大的形体轮廓然后再用钢笔去描摹。至于铅笔起形的问题，姑且不说好与不好，但笔者建议大家最好要习惯钢笔自始至终的表现，有依赖的话，对初学者的进步长远看是无益的。哪怕画坏几张又能怎么样，慢慢熟悉、慢慢习惯就好。

其实，先从哪里画起关键在于画面参照物的选定与画面构图的定位，只要观察准确，表现中加以调对，相信作品肯定能具备较佳的视觉感受。当然，每个人建筑表现步骤也不尽相同，各有利弊，找一种适合自己的方法即可。

一、现代建筑表现实例 1

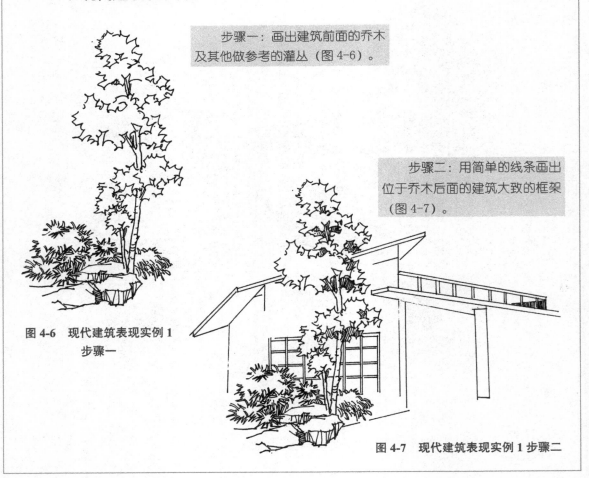

步骤一：画出建筑前面的乔木及其他做参考的灌丛（图 4-6）。

步骤二：用简单的线条画出位于乔木后面的建筑大致的框架（图 4-7）。

图 4-6　现代建筑表现实例 1
步骤一

图 4-7　现代建筑表现实例 1 步骤二

步骤三：丰富完善建筑的其他结构及其光影关系，并画出画面右侧其他植物（图4-8）。

图 4-8　现代建筑表现实例 1 步骤三

步骤四：完善建筑其他次结构细节并进一步处理建筑的明暗关系（图4-9）。

图 4-9　现代建筑表现实例 1 步骤四

步骤五: 完善整体构图, 协调画面, 使之更完整 (图 4-10)。

图 4-10   现代建筑表现实例 1 步骤五

二、现代建筑表现实例 2

步骤一：用直线画出建筑的大致结构，并确定透视基本准确（图 4-11）。

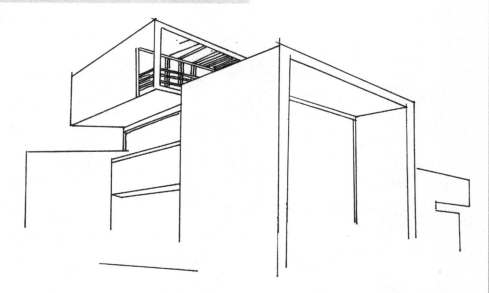

图 4-11　现代建筑表现实例 2 步骤一

步骤二：画出画面左侧的乔木及场景部分人物，并强化建筑的明暗关系（图 4-12）。

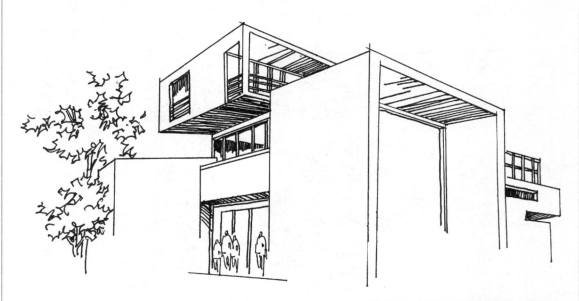

图 4-12　现代建筑表现实例 2 步骤二

步骤三：进一步完善画面，画出画面右侧的乔木及灌木，同时逐步丰富建筑的其他细节（图 4-13）。

图 4-13　现代建筑表现实例 2 步骤三

步骤四：协调画面，根据构图需要进一步完善并充实画面内容，使画面主题更鲜明（图 4-14）。

图 4-14　现代建筑表现实例 2 步骤四

三、传统建筑表现实例

步骤一：整体观察画面并确定从画面左侧入手，简单勾画建筑部分结构（图4-15）。

图 4-15　传统建筑表现实例步骤一

步骤二：从左向右依次推进，绘制并完善建筑，注意不宜在某一处细节过于表现，要边画边调整（图4-16）。

图 4-16　传统建筑表现实例步骤二

步骤三：勾画画面右侧的拱桥及建筑，遵循步骤二绘画原则进行（图4-17）。

图4-17　传统建筑表现实例步骤三

步骤四：归纳整理画面，进一步丰富画面细节（图4-18）。

图4-18　传统建筑表现实例步骤四

步骤五: 协调画面, 深入刻画建筑结构、光影及水的倒影等细节, 阴影及暗部排线不宜过密, 以免形成黑块, 破坏画面效果 (图 4-19)。

图 4-19　传统建筑表现实例步骤五

第五章 风景园林钢笔画速写
chapter five 实例

第一节 园林景观节点钢笔画速写实例

园林景观节点一般以植物的科学配置来突出和表现景观精神内涵的，同时植物也可以缓和或者消除景观节点中的诸多不和谐。亭、廊、花架等配置具有装饰与服务的双重功能，表现时注意其结构及质感的表现，线条宜果断刚直，可以和植物线条柔美表现形成鲜明对比，画面更富美感。

从整体上讲，园林景观节点表现在动笔之前需要有一个清晰明确的构图意识，确定画面主题，根据具体表现对象的特点确定以何种线条语言去表达和概括。临摹是学习景观钢笔画表现的捷径，大家可以边临摹，边提高，相互交流，及时解决学习过程中遇到的问题（图 5-1~ 图 5-16）。

画面构图小巧精致，遮阳伞的笔线柔韧适度，较好地表现了遮阳伞的纤维质感，植物表现也比较精致。

图 5-1 景观节点 1

画面清秀俊美，尤其是植物的生动表现尤为明显，线条的长短、穿插变化运用合理，构图也比较紧凑。

图 5-2　景观节点 2

画面中植物品类较多，钢笔线条灵活变化，表现手法多样，而丝毫没有凌乱之感。

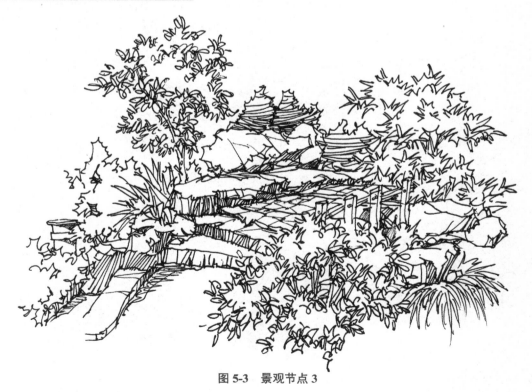

图 5-3　景观节点 3

画面构图紧凑，清新淡雅，钢笔
笔线灵活巧妙，植物、台阶及栅栏等
配置表现生动，处理线条的手法娴熟。

图5-4   景观节点4

画面构图方正，植物表现出了旺盛的生命力，
作为背景的墙体及瓦片处理含蓄，表现出了植物
与太湖石配置的幽静而富有诗意的意境。

图5-5   景观节点5

画面具有较好的素描关系，结实耐看，植物表现也可圈可点，水流的表现视觉效果强烈，仿佛能听到潺潺的水声，使画面更具魅力。

图 5-6　景观节点 6

画面虽不是很大，但包含造景元素较多，动静相宜，表现概括舒展。

图 5-7　景观节点 7

画面中小桥曲折的走势与周边茂密的灌木相呼应，水的处理寥寥数笔倒也显得大方，乔木树干的画法熟练，线条有直曲及软硬变化。

图5-8　景观节点8

画面表现有趣，松的挺拔、灌木的繁茂乃至石块的质感均得以很好体现，构图也规整大方，不落俗套。

图5-9　景观节点9

画面采用了一点透视的表现方式，花架由近及远延伸，进一步增强画面的进深感，植物多采用了几字形的表现手法，视觉整齐而富有变化。

图 5-10　景观节点 10

画面小巧，乔木树冠的表现生动自然，枝叶穿插关系处理得当，栅栏前后植物的表现也是恰到好处。

图 5-11　景观节点 11

画面主题明确，处理手法得当，远处浓郁的植物很好地衬托了主题造型，笔线也熟练流畅。

图 5-12　景观节点 12

画面中绿篱表现生动，柏树高低错落，整个画面构图有较好的节奏感。

图 5-13　景观节点 13

　　画面中路面两侧分布着茂密的植物，画面左侧的磨盘以留白的方式表现，和周边植物形成了黑白对比，远处运动场地表现概括，画面进深感较强。

图 5-14　景观节点 14

　　画面主要表现了藤蔓植物的姿态特征，造型自然含蓄，处理手法巧妙，与上半部分空间相比，下半部分则显得更为简洁，处理也较为概括，形成了疏密对比及虚实关系。

图 5-15　景观节点 15

这两幅作品表现手法粗犷，几字形的线条表现熟练大气，画面虽简洁但空间的前后、虚实关系处理却毫不含糊。

图 5-16　景观节点 16

第二节 园林建筑钢笔画速写实例

植物配置对于建筑与环境的融合具有不可替代的作用，二者之间相互陪衬，互为背景，植物本身的独特形体及质感能较好地柔化建筑生硬的线条，植物的季相变化与独有的形体美给建筑增添了许多美感，另一方面，建筑可以作为植物的背景衬托，使之显得越发繁茂。中国古典园林中许多景点是以植物来命名的，借此抒发情怀，寓情于景，情景交融（图5-17~图5-33）。

画面场景热闹，画面构成元素较多，低垂的柳条作为画面构图元素，着实为场景增色不少。建筑结构、透视准确，人物的表现是本图的重点，同时也是难点。

图5-17 园林建筑1

此幅钢笔画作品是苏州古典园林的写生稿，短时间内仓促完稿但画面完善程度尚可，建筑表现也很有风格，植物表现技巧娴熟。

图 5-18　园林建筑 2

　　画面表现的是街头场景，人物的表现简练概括，形体语言丰富，有效充实了场景，活跃了画面，建筑间的明暗关系处理也较为得当，画面优美舒畅。

图 5-19　园林建筑 3

画面表现的是江南水乡，画面清静自然，活跃在水面的小船将画面联系起来，水乡味道浓厚，建筑表现也比较好。

图 5-20　园林建筑 4

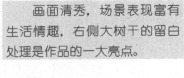

画面清秀，场景表现富有生活情趣，右侧大树干的留白处理是作品的一大亮点。

图 5-21　园林建筑 5

画面构图方正饱满，建筑表现较为细致，民居宅院的生活气息浓厚。

图 5-22　园林建筑 6

画面构图小巧含蓄、生动有趣，无论是植物的表现还是人物的描绘都是比较到位的。画面的视觉焦点也是重点，很富有诗意的一幅作品。

图 5-23　园林建筑 7

画面构图饱满，小船划过的刹那，时间好像瞬间停止，一切显得那么美好。手绘表现内容丰富，手法多变。

图 5-24　园林建筑 8

　　该幅作品为苏州园林写生线稿，画面有着较好的黑白关系，建筑表现细致，屋顶瓦片虚实处理得当，水中倒影表现熟练概括，视觉效果良好。远处飞鸟不仅充实了构图而且给幽静的画面增添了些许的诗意。

图 5-25　园林建筑 9

　　画面概括，骨干性很强，采用了框架式构图的取景方式，画面饱满而有序，植物表现生动有趣，桥下的游船更是增加了画面情趣。

图 5-26　园林建筑 10

　　此幅作品为古典园林写生线稿，用时较短，但画面构图及表现还是比较完整的，人物的表现活跃了画面。

图 5-27　园林建筑 11

此幅作品为街道两侧建筑及其绿化，古朴的建筑与盆栽植物相映成趣，画面构图饱满。

图 5-28 园林建筑 12

画面表现了掩映在植物中的建筑，建筑线条刚劲有力富有视觉张力，而植物表现灵活，二者相互陪衬，整体效果较好。

图 5-29　园林建筑 13

画面表现的是建筑景观，建筑线条简约流畅，植物表现笔线灵活，二者相互衬托，画面具有较好的黑白关系。

图 5-30　园林建筑 14

画面构图简洁，干净，植物及建筑的表现也较为概括，但画面却很紧凑。

图 5-31　园林建筑 15

画面中植物的表现很是生动，笔线寥寥却妙趣横生，背景建筑的线条也很讲究，暗部处理也比较到位。

图 5-32　园林建筑 16

该幅作品是以建筑为画面中心的，背景远山及植物表现概括有效地衬托了建筑，左右圆叶与几字形乔木起到了框架式构图的作用。

图 5-33　园林建筑 17

画面甜美幽静，植物表现手法娴熟，拱桥的表现也很有质感，构图含蓄有趣。

图 5-34 园林建筑 18

此幅作品表现建筑宏伟，构图饱满，足见钢笔画功底的深厚，植物分别采用了几字形与圆叶形的表现方式，人物的组合也比较得体。

图 5-35   园林建筑 19